健康食光

绿色思慕雪，
不一样的果蔬汁

GREEN SMOOTHIE

【日】仲里园子　【日】山口蝶子　著

奥兰格　黄晶晶　译

中国农业出版社

前 言

　　绿色思慕雪？！你是不是有点陌生，但说到果蔬汁你一定就非常熟悉了。其实绿色思慕雪就是把绿叶蔬菜、水果和水加入搅拌机中混合而成的果蔬汁。现在有很多对美容和健康高度关注的人都钟情于绿色思慕雪，制作简单有趣，只要坚持饮用就会看到自己身体渐渐发生的、一点一点的令人欣喜的变化。

　　绿色思慕雪最早起源于美国。它的发明者——著名的纯天然素食者维多利亚·波坦库已经将很多人引领上这条健康之路。现在世界各地的时尚健康人士都在尝试绿色思慕雪，他们都觉得能喝到绿色思慕雪是人生一大幸事！

　　本书介绍的食材在超市、水果店都很容易买到，在介绍做法的同时还总结了一些要点，让即使工作很忙碌的人也能轻松加入绿色思慕雪的队伍。

　　让我们加入这场与绿色思慕雪的心跳约会吧！

阅读食谱的方法

○　绿色思慕雪的食谱分量约为1升，绿色蔬果汤和布丁约为500毫升。

○　一杯水约为200毫升。

○　一袋指的是市面上卖的塑料袋。但是没有指定精确的量。绿色蔬菜的量多一点少一点都没关系，大家请根据自己的喜好自由增减。

○　从第45页起会出现一些指示标志，意思如下

　　B=美肌效果（BEAUTY）　　/　**D**=排毒（DETOX）
　　R=恢复体力（RECOVERY）　/　**E**=提升精力（ENERGY UP）
　　S=低卡路里减肥（SLIMMING）

目　录

第 1 章

什么是绿色思慕雪？

What is a
Green Smoothie?

汲取充分沐浴太阳恩泽的绿色蔬菜的力量。
充满生命力，眼看着自己由内而外变漂亮。

01

绿色蔬菜+水果=绿色思慕雪

绿色思慕雪到底是什么？其实就是把绿叶蔬菜、水果和水加入搅拌机中混合而成的果蔬汁。

制作起来非常简单，人人都能做。第一次喝的人往往会被它那绿绿的外表而想象得难以下咽，可是喝起来却意外地甘甜爽口，让人惊喜不已。

而且一旦喝起来，就会渐渐感受到如魔法一般神奇的变化，很多人已经到了每日必喝的程度。

思慕雪给人体带来的变化因人而异。它良好的排毒效果可以消除便秘、改善肌肤状况、使人体重下降，急剧改善的水肿体质，会让人的体型发生变化，睡眠质量提高，不易疲乏，提高人

体机能，同时又能改善偏寒体质和过敏症状。就连那些三天打鱼两天晒网、事事没常性的人都深陷在绿色思慕雪的魅力中兴奋不已。究其原因，主要有以下三点。

1.制作简单！

2.无需硬撑，生活也不用因此而发生什么巨大的改变。

3.为自己的变化欢欣不已。

绿色思慕雪与目前为止出现的果汁和蔬菜汁最大的区别就在于它含有丰富的新鲜绿色植物（绿叶蔬菜）。绿色植物中可是隐藏着许多的秘密。

想要知道绿色思慕雪的魔法神力吗？这场冒险要从探究绿色植物的秘密拉开序幕！

秘密的关键在于绿色蔬菜

在我们的日常饮食中，生鲜蔬菜不可或缺，但每日摄入的量及种类却很难保证。如果把我们的饮食和黑猩猩比起来就非常明显了。但是，为什么是黑猩猩呢？

其实人和黑猩猩有99%的DNA排序都是相同的，我们是非常相近的生物，甚至还有研究者认为"黑猩猩是人类的伙伴"。但是野生的黑猩猩既不会患上生活习惯病，也不会命丧癌症之手。

黑猩猩和人类摄取的食物有什么不同呢？右边的2个圆形饼图分别展现了黑猩猩与人类的饮食生活。

虽说我们与黑猩猩的遗传因子信息几乎一模一样，可是饮食生活却几乎没有一丝共同点。首先，野生黑猩猩的饮食主要是绿叶蔬菜和水果。而与此相对的，我们的饮食中有一半以上都是谷物、小麦、薯类等碳水化合物及肉、蛋类蛋白质。水果和蔬菜的比重很少，而且都是以根茎类为主。我们吃到的绿叶蔬菜不过就是三明治里夹着的一二片生菜，或是午饭套餐中配着的一小碟沙拉，实在是少之又少。

总之，通往健康的钥匙其实掌握在绿叶蔬菜手里。

黑猩猩与人类的饮食生活表

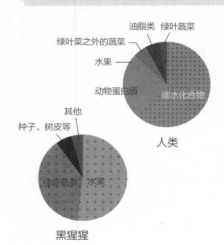

塑造苗条曼妙身材

大家知道吗？跟植物的根茎相比，叶子的部位才是营养满点。

遗憾的是，这件事大概只有人类不知道。因此在超市中贩卖的胡萝卜和萝卜等根菜类植物大部分都除掉了叶子。所有的野生动物都知道绿叶蔬菜的魔法力量。因此除非是在旱灾食物不足的特殊情况下，否则它们一般不会挖出根来吃。这一点，无论食草动物还是食肉动物都一样。大家都从地上生长的绿叶植物中获得营养，让身体变得强壮。

在美国普遍贩卖一种红色的蔬菜，叫做甜菜。将甜菜的根和叶中所含的营养元素做一个对比，我们就会发现大部分的营养元素都是在叶中的含量较高。比如说，叶中钙的含量约为根的7倍，维生素A的含量约为根的191倍。说到根中含量比较多的，那就是糖分和热量了。因为根部本来就不是动物的食物。所以它们才深埋在土壤中不见天日。

那么蛋白质又从何处摄取呢？很多人大概会说是肉、鱼、大豆等。其实在绿叶蔬菜中富含氨基酸，而蛋白质正是由氨基酸构成。这种氨基酸的特点是，与肉和鱼中的动物蛋白质相比，它不会给身体带来负担，这样能加快其消化吸收的速率。常吃绿叶蔬菜就可以像食草动物那样，养成一身柔韧优美的肌肉。

肌肤有光泽，身体无瑕疵

被便秘困扰的大多数人，都是因为摄入的食物纤维不足。

食物纤维和水结合，可以帮助大家顺利排泄。野生黑猩猩大概一天可以摄取300克的食物纤维。这个量是我们的20~30倍。

绿叶蔬菜中富含食物纤维，被称作"魔法海绵"。这块辛勤劳动的海绵将体内不需要的毒素一点一点吸收，然后通过排泄的方式排出体外。因此一旦食物纤维不足就会发生便秘。那么在身体中发生了什么呢？其实是身体将囤积的坏东西挤出去排到其他场所。结果鼻涕和汗水等黏液的量就会随之增加，这些分泌物排到皮肤表面就会使皮肤变得粗糙。

无论是绿叶蔬菜或是水果，都饱含了水分和食物纤维！只要你能坚持一天一杯绿色思慕雪，包你消除便秘，重现光滑肌肤。

食物纤维在美容方面还有一个十分重要的作用。那就是纤维是抗氧化物质。也就是说纤维可以抑制身体氧化，所以大量摄入纤维能够使机体保持青春，起到抗衰老的作用。

05

杜绝暴饮暴食

　　想要食物充分消化吸收需要两个条件。其中一条是细嚼慢咽。都说在吃饭的时候尽可能仔细咀嚼比较好，那么到底咀嚼得多充分才可以呢？想要食物充分吸收，就必须要花时间将食物充分搅碎，直到食物的形状完全消失为止。不过要花上几个小时慢慢、慢慢地咀嚼对于忙碌的我们来讲也是不可能的。再加上现代人已经习惯了烹调后的质地软嫩的加工食物，牙齿和上下颌已经退化。因此想要将食物咀嚼到能完全消化的状态几乎是不可能的。

　　绿色思慕雪是用搅拌机将食物打碎得顺滑又细腻，这对消化吸收来讲真是非常得力。

　　第二条就是能够分泌足够的胃酸。我想大概在日常生活中没有人会关注胃酸的问题，但这个问题确实非常重要。然而实际的情况是，现代人大多数都存在胃酸不足的问题。如果胃酸不足，那么好不容易吃下的好东西却不能在胃里得到充分吸收。营养不足时，就算再怎么吃也满足不了身体的需求，这样就会造成暴饮暴食。相反的，如果吸收能力提升，能够满足身体的需求，那么也就不会出现过食的现象。研究表明，持续饮用绿色思慕雪能够改善胃酸的分泌，使身体趋于正常。

享受来自太阳的能量

我们大家都热爱太阳。看到晴天的大太阳自然而然就会神清气爽，想要出去走走。

无论动物、植物还是微生物，地球上所有的生命都从太阳上汲取能量，赖以生存。所以当我们吃掉充分沐浴阳光的绿色植物时，就相当于直接将太阳的能量摄入体内。

叶绿素（Chlorophyll）正是浓缩了太阳的能量。叶绿素跟流遍我们身体的血液中的铁分子非常相似。它的治愈能力像太阳一样强，能够调理我们内脏中情况不好的部分，为我们的身体来一个整洁的大扫除。不止如此，它们还能同致病的细菌、病毒和癌细胞等潜伏在身体里的"坏东西"战斗，有着极强的破坏力。

除了绿色植物以外，没有任何食物能够为我们供给叶绿素。因此尽量多吃绿色植物可以防疾病于未然，同时又能增强身体的抗氧化能力，减缓衰老。

喝绿色思慕雪的时候全身都感到愉快。这可能是因为我们得到了水果的恩惠和沐浴阳光的绿叶蔬菜的力量，感觉健康又幸福。

新的自我觉醒

自从开始喝绿色思慕雪，身体中就会充满能量。我们会惊喜地发现自己充满了活力，每天醒来都神清气爽，之前觉得很麻烦的事现在都能轻松愉悦地做到，"你今天气色真好"等等这样的称赞声不绝于耳。这个秘密，是因为绿色思慕雪非常容易消化。

消化食物时，我们的身体要消耗多少能量呢？大家都有过这样的体验吧！午餐在餐厅饱餐一顿后，肚子饱饱地回去工作，可是不久就会有一阵强烈的睡意袭来，甚至都无法集中精力工作……这就是身体正在全力消化

食物的证据。也就是说，我们变得困倦是因为能量都集中到了消化上，在这一小段时间里，身体希望其他部分能够暂时休息。

新鲜的水果和绿叶蔬菜在所有的食物中是消化负担最少的。当然各种不同的水果和蔬菜会有所不同，不过有些能在30分钟以内就能在胃里通过。那么这些给消化带来很少负担的食物就能将能量节省下来，输送到身体的各个角落。这就是活力和美丽的秘密所在。

绿色思慕雪的魔法

Green Smoothie Magic!

　　真是不可思议，大多数人只要喝了一次绿色思慕雪就会为之着迷。也许身体出于本能就是渴望绿色植物。模特、美容专家、瑜伽爱好者还有怀着健康意识崇尚自然的可人儿，现在都沉醉在绿色植物的魔法力量中。

　　这是因为她们最在意的部位一点一点瘦了下去，而且肌肤比使用任何化妆品时都更加光彩熠熠。有好多人都说："是返老还童了吗？"这其中还有很多人欢欣地告诉大家，自从开始喝绿色思慕雪，困扰她多年的生理痛和花粉症等过敏症状都消除了。而坚持喝绿色思慕雪的人们从这些绿色植物中汲取了它们水灵灵的生命，大家都由内而外闪耀着光辉。

　　要想知道绿色思慕雪的魅力，二话不说，先来一杯试试看吧！

绿色思慕雪的法则

Green Smoothie Rules

　　绿色思慕雪绝不是件让人很难坚持的事。所以我们可以轻轻松松开始，并一直持续下去。由于每个人的喜好和体质都不尽相同，所以大家可以通过各种各样的实验来开发出适合自己的思慕雪。不过还是要了解一些基本的法则，以期达到最好的效果。

饮用的基本法则

1. 尽可能每天都饮用绿色思慕雪。

2. 饮用量每个人都不同。虽说一杯已经足够，不过如果每天能饮用1升效果将更加明显。

3. 虽说绿色思慕雪是一种饮品，不过请大家将它放在食物的位置上看待。

4. 不要在吃饭时一起喝，请单独饮用。如果想要吃其他的东西，请前后间隔40分钟以上。

5. 不要像喝水和饮料那样一饮而尽，要花时间慢慢品味。在养成习惯之前，建议大家用勺子一口一口舀着喝。

6. 尽可能常温饮用。因为冰冷的东西会给胃造成负担。

制作方法的基本法则

1. 使用的材料基本上只是新鲜的绿色植物（绿叶蔬菜）、水果和水。

2. 不要加入根茎类蔬菜。因为淀粉类蔬菜不适合跟水果一起吃。

3. 不要加入盐、油、甜味剂、牛奶、豆奶、酸奶、市面上贩卖的果汁、粉末状青汁和各种添加剂。

4. 一次不要增加太多材料的种类。配方尽可能简单，这样既好喝又不容易对消化造成负担。

5. 要使用新鲜的绿叶蔬菜和水果。水果处在成熟状态最为理想。

6. 一次制作出一天要喝的绿色思慕雪。剩下的部分放在阴凉处或冰箱里，能保存一天时间。

7. 想要保持美味的秘诀！不要勉强放入太多绿叶蔬菜。

第 2 章

如何制作思慕雪

How to Make a Green Smoothie

选用水灵灵的绿叶蔬菜和应季水果，
快快来到厨房开始快乐地制作绿色思慕雪吧。

绿色思慕雪的制作方法

制作绿色思慕雪所必需的器材只有搅拌机。需要准备的材料有水果、绿叶蔬菜和水。操作的顺序也很简单，平时不会下厨或是怕麻烦的人都能轻松操作。养成习惯之后，就可以将材料自由组合，慢慢变得越来越快乐。首先，让我们先使用初次尝试也不难以下咽的蔬菜和容易买到的水果，来尝试着制作好喝的初学者思慕雪吧。

初学者思慕雪（1L）
Beginner Smoothie

[材料]

香蕉	1根
橘子	2个
猕猴桃	1个
菠菜	1/4袋（100~200克）
水	1杯

○ 1杯水大概200毫升即可。
○ 1袋指的就是市场上的塑料袋，但是没有严格地控制菜量。绿叶蔬菜的量酌情即可，可以根据自己的喜好适量增减。

水
Water

搅拌机
Blender

菠菜
Spinach

橘子
Orange

香蕉
Banana

猕猴桃
kiwi

绿色思慕雪非常简单!

Making a Green Smoothie is easy!

只要把水果剥剥皮，蔬菜切一切，放进搅拌机里就大功告成了。从准备工作到收拾妥当只需要5分钟，就算是在忙碌的早上也能游刃有余。

1. 橘子剥皮，有籽的话剔除。用刀切成适当的大小。

2. 将水果放入搅拌机的容器中。

小要点：
将水果切成能在搅拌机里顺利转动的大小。

7. 将菠菜洗净、去根，切成长约5厘米的段。

6. 用手掰断，加入容器中。

4. 将猕猴桃加入容器内。

3. 将猕猴桃上下的蒂去掉，留皮切成适当的大小。

小要点：
水果可以留皮使用（香蕉、柑橘、西瓜、牛油果等部分水果需要剥皮）。

小要点：
因为水果富含水分，所以应该先放入容器内，使搅拌机运转得更加顺畅。

5. 香蕉剥皮。

8. 加到水果上面。

小要点：
最后加入绿叶蔬菜可以使搅拌机运转得更顺畅。

小要点：
水量可以根据自己喜欢的浓度进行调整。水加得少就会变得黏稠，水加得多口感就会有些粗涩。

9. 最后加入1杯水。

10.
将材料全部放入容器中。

11.
将搅拌机盖上盖子，开关调至ON！

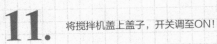

小要点：
如果使用可调速的搅拌机，先从低速开始搅拌，等搅拌机旋转顺畅时切换到高速。

15.
从上面看是这样的感觉！

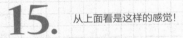

小要点：
倒进杯子前先尝一口，确认是否好喝。也可以根据自己的喜好来添加水和水果。

14.
一直搅拌到容器内的物体都滑溜溜的，再将开关调至OFF。

12.
慢慢混合。

13.
搅拌到没有疙疙瘩瘩的东西。

小要点：
大致搅拌到绿色都很均
匀为止。

16.
将其倒入自己喜欢的玻璃杯。

17.
大功告成！
开始慢慢
享用吧！

美味绿色思慕雪的黄金比例

在绿色思慕雪中加入的绿叶蔬菜和水果的比例大概应该在4∶6，这个比例对大多数人来说都很容易接受。如果还不能习惯，可以先增加水果的量，从2∶8或1∶9开始，之后再慢慢增加绿叶蔬菜的量。

在这里我们将介绍给大家的是甜味和酸味最为平衡的4∶6黄金比例。

希望能在大家一开始不知采用哪种组合，或是自己做出的绿色思慕雪不好喝的时候提供一些参考。

黄金比例

柑橘　2个
香蕉　1根　或苹果　1个
喜欢的水果　1~2个
绿叶蔬菜　1/2袋
水　约1杯

- 柑橘选用标准的橘子大小即可
- 蜜橘大小的需要3个，葡萄柚大小则只需要1个，数量可以根据柑橘的大小进行调整（应有节制地加入柠檬等酸味很强的东西）
- 喜欢的水果什么都可以
- 选用一种自己喜欢的绿叶蔬菜
- 衡量绿叶蔬菜的袋子，就以超市使用的塑料袋为标准即可
- 4∶6的比例不是指重量，指的是看上去的分量

想增加绿叶蔬菜的量

当我们习惯了绿色思慕雪的味道以后，说不定会想要增加绿叶蔬菜的量。

加入大量绿叶蔬菜的思慕雪叫做超级绿色思慕雪（SUPER GREEN SMOOTHIE）。将绿叶蔬菜量增加的同时，水果的量就要相对减少。在同样的量内，可以保证绿叶蔬菜的能量得到更好的发挥。从外观上看，会变成深绿色的绿色思慕雪。需要注意一点，大家不要勉强地多加蔬菜，无论如何还是要保证饮品喝起来的口感。如果每天都喝绿色思慕雪的话，我们的味觉和嗜好自然会发生变化。可能会变得想要在思慕雪里加入更多的绿叶蔬菜，或是想要吃沙拉和水果等生鲜食物。有的人会对曾经挚爱的甜食、油炸食物、垃圾食品等的食欲开始减退，想要去追求更加健康的饮食生活。这些变化都是随着身体的变化过程而自然发生的。不过因为存在个体差异，所以不需要勉强地改变自己的饮食生活。让我们用心倾听来自身体的声音，享受这些变化吧。

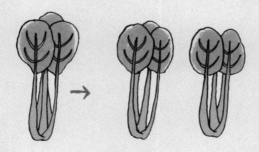

绿色思慕雪中使用的绿叶蔬菜

一年之中我们能买到各种各样的绿叶蔬菜。有一些比较适合刚刚入门的人，这些蔬菜加入思慕雪里口感比较容易下咽，而对于那些已经习惯了的人来说，就可以选用一些稍稍带有腥味的蔬菜。大家可以试着去挑战各种各样的蔬菜！

绿叶蔬菜

- 使用的绿叶蔬菜基本上一次一种。香草可以提升饮品的风味，因此有时候也可以加入多种蔬菜。使用的材料越少，消化的负担越轻。

- 虽说都是生菜，不过跟偏白的卷心生菜相比，使用红叶生菜和绿叶生菜效果更佳。深绿色里含有更丰富的叶绿素。

- 不要总是使用同一种绿叶蔬菜，尽量每天都更换蔬菜的种类，进行多种尝试。因为在绿叶蔬菜中含有一种叫做生物碱的微量毒素。为了防止生物碱在体内堆积，避免持续使用一种蔬菜就是一种有效的方法。而且食用各种各样的蔬菜能摄取不同的营养素。

- 由于水果和淀粉类蔬菜一起使用会阻碍消化，所以在绿色思慕雪中一般不使用根茎菜等淀粉类蔬菜。还有在绿叶蔬菜中，像卷心菜、白菜、嫩茎花椰菜、羽衣甘蓝等蔬菜虽然茎是绿色的，但是却富含淀粉，我们要尽量避免使用这样的蔬菜（羽衣甘蓝可以将茎去掉，只使用叶的部分）。

可以使用以下绿叶蔬菜（数字是介绍这些蔬菜的页码）

komatsuna

明日叶	P 61
青紫苏	P 65，P 81
萝卜叶	p 65
纳沙蓬	P 71
空心菜	P 67
水芹	P 61
羽衣甘蓝	P 65，P 87
小松菜	P 49，P 71
茼蒿	P 70，P 88
水芹	P 61
洋芹菜	P 71，P 75，P 80，P 81
乌塌菜	P 75
小白菜	P 51

Shiso

Carrot Leaves

油菜	P 60
胡萝卜叶	P 61，P 87
香菜	P 67，P 80，P 81
罗勒	P 67，P 81
香芹	P 53，P 67，P 89
小香葱	P 81
菠菜	P 26，P 45，P 75，P 81
水菜	P 75
鸭儿芹	P 81
薄荷	P 71，P 87
台湾黄麻	P 65
芝麻菜	P 71，P 87
莴苣类	P 47，P 65，P 81，P 87

Parsley

Cilantro

Bok Choy

Lettuce

Spinach

绿色思慕雪中使用的水果

一年四季中，各种应季水果可以抑制绿叶蔬菜的草腥味，让思慕雪的口味变化无穷。根据当天的心情将水果自由组合，探索出自己喜爱的混搭组合真是妙趣无穷。

水 果

- 请大家以季节为中心，尽量选择新鲜的水果。材料的种类不要增加得过多，简单的菜单比较容易持续下去，口味更佳，同时又不会给消化造成什么负担。

- 柑橘的种子很苦，所以请大家细心地清除干净。

- 如果不是特别在意口感，如苹果、梨、桃、猕猴桃等薄皮水果可以带皮使用。像香蕉和柑橘类这些皮比较厚的水果就需要将皮剥掉。

- 请大家务必使用已经成熟的水果。这样既能减轻消化的负担，又能增加甜度。

- 也可以使用冷冻水果和干燥水果。家中常备些冷冻和干燥水果就可以在新鲜水果不足的时候方便使用。详细内容请参照专栏"这些食材让制作更便利"（54页小贴士）。

- 除了柑橘以外，其他水果都可以连种子一起放进搅拌机。不过如果对口感有比较高的要求则需要剔除。像芒果和桃这样核很硬的品种就必须要除去果核，只使用果肉部分。

可以使用如下水果（数字是介绍这些水果的页码）

Watermelon

Strawberry

牛油果	P49, P75, P80, P81, P87
草莓	P53, P60, P61, P87
无花果	P51, P71
橘子	P26, P61
柿子	P45, P70, P88
猕猴桃	P26, P49, P53, P75, P87
黄瓜	P80, P81
葡萄柚	P53, P61, P65, P67, P71, P81
西瓜	P47, P51, P67
酸橘	P70
李子	P51, P71
海枣	P75, P87, P89
丑橘	P61
番茄	P47, P67, P81
干椰仁	P67, P87
梨	P49, P53, P71
酸橙	P51, P65
脐橙	P60
油桃	P45, P65
菠萝	P47, P53, P65, P67

鸡蛋果	P87
香蕉	P26, P45, P47, P49, P51, P60, P65, P67, P71, P87, P88
番木瓜	P61
红灯笼辣椒	P61, P81
葡萄	P53, P71
蓝莓	P49, P65, P87, P89
芒果	P65, P67, P87
柑橘	P45, P49, P70, P71, P75, P87
圣女果	P61
甜瓜	P61
桃	P47, P51, P65, P71
柚子	P75
洋梨	P51, P53, P75, P87, P89
青柠	P65
覆盆子	P75, P89
苹果	P45, P49, P61, P71, P75
柠檬	P45, P47, P49, P51, P53, P61, P67, P71, P75, P80, P81, P88

Apple

Orange

Grape

Blueberry

kiwi

虽说只要有一台搅拌机就可以制作，不过在这里我们还是要向大家介绍一些工具，让大家可以更好地享受绿色思慕雪生活。

搅拌机

Vita-Mix

这种搅拌机马力十足，转速极高，能够打碎任何东西。用这种机器做出来的思慕雪会更加绵滑美味。这样就省去了削皮和将材料切成小块的步骤，将操作时间缩短。

塑料瓶

Plastic Bottle

如果一次性做出很多，那么就需要将不会立即饮用的部分保存起来，或是如果想要带出门的时候都需要一个塑料瓶。这样也会为出行带来一些乐趣，大家都去搜寻自己喜欢的瓶子吧！左图1L，右图500毫升。

硅胶匙

Silicon Spoon

将思慕雪完全倒入容器中后，可以用硅胶匙将搅拌机内残留的部分刮干净，使用起来非常便利。请大家选用小尺寸、材质柔软的匙子，使用起来比较方便。

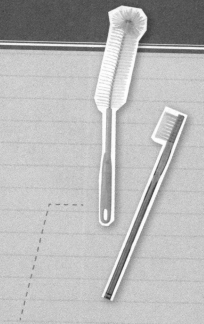

黏胶海绵
Acrylic Sponge

可用来擦拭搅拌机的操作台，或是清洗容器内侧，不需要洗涤剂也可以广泛应用。将海绵和水一起放进保存用的瓶子里用力摇晃，可以去除顽固的黏着物。

刷子
Toothbrush

一般来说，只是用水冲洗的话搅拌机内都会留下污渍，所以有时需要用牙刷轻轻刷洗来维持清洁。在清洗细缝和保存用瓶口时也可以使用。

香蕉台
Banana Stand

绿色思慕雪中一般使用已经成熟的香蕉。可以将刚买来的青香蕉挂在香蕉台上，等待表皮有黑色小斑点出现时，是最佳食用期。如果没有专用的香蕉台，也可以用S钩来代替。

菠菜、生菜、小松菜、小白菜、香芹，这些蔬菜一年到头都很容易买到，让我们来使用这些常见蔬菜简单地制作一些基本的配方吧。

第 3 章

使用代表性绿色蔬果制作
思慕雪的配方

Simple Recipes
with Basic Greens

1. 菠菜思慕雪 Spinach

最适合初学者的绿叶蔬菜。既没有苦味又容易下咽，制作出的思慕雪口感滑腻。

面向初学者的
黄金组合

E

[材料]

菠菜	1/4袋
香蕉	3根
水	2杯

小窍门!

- 香蕉最理想的是出现甜蜜点（表皮出现的黑色斑点）已经成熟的时候

柿子滑腻
思慕雪

B

[材料]

菠菜	1/2袋
柿子	1个
柑橘	4个
水	1杯

小窍门!

- 柿子要选用充分成熟的，去掉蒂和种子，带皮使用

使用基础食材
打造黄金均衡比例

B

[材料]

菠菜	1/4袋
苹果	1个
香蕉	2根
水	2杯

小窍门!

- 苹果将蒂剔除，带皮带籽都可以

油桃的清爽甜香

R

[材料]

菠菜	1/2袋
油桃	3个
香蕉	2根
柠檬	1/2个
水	1杯

小窍门!

- 油桃去核留皮
- 柠檬剥皮去籽
- 可根据自己的喜好加入少量柠檬皮

※　以上绿色思慕雪配方的分量都为1升左右。

※　1袋指的是市面上贩卖的塑料袋。不过并没有指定精确的量。绿叶蔬菜适量，可根据自己的喜好自由增减。

※　水适量，可根据自己的喜好调整浓度。

※　配方中出现的一些指示标志，意思如下

B=美肌效果（BEAUTY）　　/　**D**=排毒（DETOX）

R=恢复体力（RECOVERY）　/　**E**=提升精力（ENERGY UP）

S=低热量减肥（SLIMMING）

45

2. 生菜思慕雪 Lettuce

有绿叶生菜、红叶生菜、结球生菜、嫩叶生菜等诸多品种供我们选择和挑战。

桃和生菜的
新鲜搭配

B

[材料]

生菜	1/4颗
桃	3个
水	2杯

小窍门！

- 生菜尽量选择绿色浓郁的
- 桃去核留皮

热带甜品

D

[材料]

红叶生菜	1/4颗
菠萝	1/4个
香蕉	2根
水	2杯

小窍门！

- 菠萝去皮，使用果肉芯的部位

盛夏补水配方

R

[材料]

结球生菜	1/2个
西瓜	1/6个
柠檬	1/2个
水	无

小窍门！

- 西瓜可带籽使用
- 西瓜中含丰富水分，因此可不必加水
- 柠檬剥皮去籽

选用整颗番茄
制作新鲜的番茄汁

S

[材料]

嫩叶生菜	1/2袋
番茄	4个
柠檬	1/2个
水	1/2杯

小窍门！

- 番茄要在蒂还坚挺的时候摘下
- 柠檬剥皮去籽

3. 小松菜思慕雪 komatsuna

　　小松菜是日本绿叶蔬菜的代表！它既容易买得到又不容易吃腻，因此出场率非常高，是极具代表性的经典绿叶蔬菜。

小松菜和苹果情投意合

D

[材料]

小松菜	1/4袋
苹果	2个
水	2杯

小窍门!

- 苹果去蒂，带皮带籽即可

反复出场的经典组合

B

[材料]

小松菜	1/4袋
猕猴桃	1个
柑橘	4个
水	2杯

小窍门!

- 要注意猕猴桃的坚硬部位！将上下蒂去掉，带皮使用即可

酸爽可口的搭配

R

[材料]

小松菜	1/4袋
梨	1个
香蕉	1根
柠檬	1/2个
水	1杯

小窍门!

- 梨去蒂，带皮带籽使用即可
- 柠檬剥皮去籽

华丽的蓝莓组合

E

[材料]

小松菜	1/2袋
蓝莓	200克
苹果	1个
牛油果	1/6个
水	2杯

小窍门!

- 加入牛油果会使思慕雪变成奶油状
- 可选用新鲜的蓝莓，也可选用冷冻的

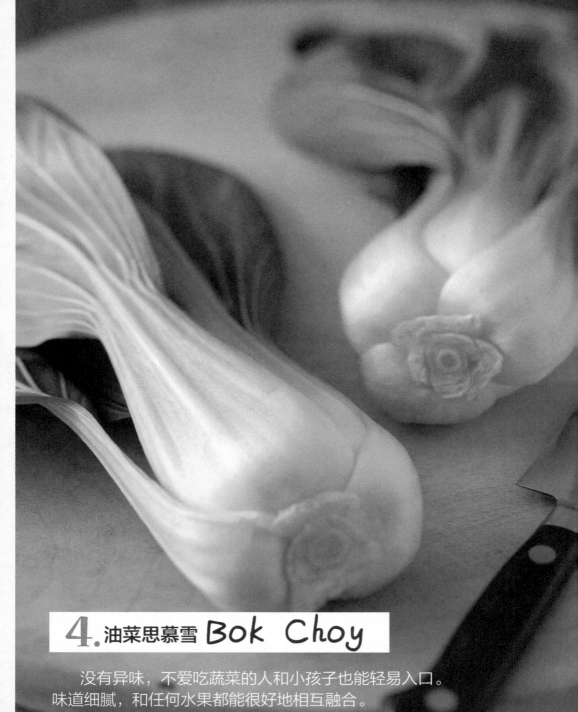

4. 油菜思慕雪 Bok Choy

　　没有异味；不爱吃蔬菜的人和小孩子也能轻易入口。
味道细腻，和任何水果都能很好地相互融合。

微甜清爽味道

S

[材料]

油菜	1/2袋
酸橙	4个
水	2杯

小窍门！

- 甜味较淡，适合喜酸的人
- 剥掉酸橙的外皮和里面的薄皮，去籽

甘甜味道唇齿留香

E

[材料]

油菜	1/4袋
桃	2个
香蕉	1根
水	2杯

小窍门！

- 桃去核留皮

西瓜和李子的意外惊喜

R

[材料]

油菜	1/2袋
西瓜	1/6个
李子	2个
水	无

小窍门！

- 西瓜可带籽使用
- 西瓜富含水分，因此可不必加水
- 李子去核带皮

秋日经典温润思慕雪

D

[材料]

油菜	1/4袋
洋梨	2个
无花果	3个
柠檬	1/2个
水	2杯

小窍门！

- 洋梨去蒂，带皮带籽即可
- 无花果带皮整个使用
- 柠檬剥皮去籽

5. 香芹思慕雪 Parsley

香芹出人意料地特别适合做成思慕雪。
身体疲惫时就用它来充电吧。

用香芹的力量为自己充满电

B

[材料]

香芹	1/4袋
草莓	1袋
水	1杯

小窍门！

• 香芹的粗茎太过坚硬，不应放入思慕雪中
• 草莓可带蒂

加入洋梨味道上乘

D

[材料]

香芹	1/4袋
梨	2个
猕猴桃	1个
水	2个

小窍门！

• 梨去蒂，带皮带籽即可
• 猕猴桃去掉上下蒂，带皮使用即可

睡意浓浓的早上立刻精力充沛！

S

[材料]

香芹	1/2袋
葡萄柚	2个
菠萝	1/4个
水	1杯

小窍门！

• 剥掉葡萄柚的外皮和薄皮，去籽
• 用刀将菠萝的蒂和外皮去掉，使用果肉芯的部位

放入整颗葡萄的柔滑组合

R

[材料]

香芹	1/2袋
葡萄	1串
梨	1个
柠檬	1/2个
水	1杯

小窍门！

• 葡萄带皮带籽即可
• 梨去蒂，带皮带籽即可
• 柠檬剥皮去籽

基本材料为新鲜的绿叶蔬菜和水果。但是如果加入这些食材会让整个饮品回味无穷。

香料
Spices

香料会给绿色思慕雪的味道带来变化。大家可以试着在甜味思慕雪中加入桂皮或香子兰豆等，在不甜的思慕雪中加入辣椒粉、小茴香或咖喱粉等。

大蒜
Garlic

在使用不甜的水果制成的汤里（参照第5章）加入少量大蒜，满足感大增。但要注意不能加得过多！

姜
Ginger

姜不只可以加入汤中，跟甜味思慕雪也很相配。特别是在冬天，姜能让身体暖和起来。所以冬季的思慕雪中加点姜大有裨益。

冷冻水果

Frozen Fruits

　　在冷柜中贩卖的浆果类和芒果等也可以在绿色思慕雪中使用。或是当我们一次买了很多水果后，可以在它们刚好成熟时放入家用冰箱里。为了防止串味儿，请大家使用冷冻用密封袋。我们推荐大家使用小号冷冻袋，这样就可以将水果分成几小份来分别保存，使用起来非常便利。

水果干

Dry Fruits

　　家中可常备海枣、葡萄干、无花果干等，当我们想要提升思慕雪的甜度时，就可以使用这些水果干，非常便利

第 4 章

时令绿色思慕雪配方

Seasonal Recipes

Spring ｜ 春天喝的思慕雪

使用应季水果来制作带有季节感的绿色思慕雪。
饱含春日的甘甜与芳香。

欢乐儿童思慕雪
Kid's Smoothie

E

[材料]

草莓	10颗
脐橙	2个
香蕉	1根
油菜	1/6袋
水	1杯

小窍门!

- 不爱吃蔬菜的小孩子也能欣然接受的双层多彩思慕雪
- 绿叶蔬菜的量不要一开始就加入过多
- 脐橙剥皮去籽

■如何做成双层
- 首先取半份水果加入搅拌机内搅拌
- 剩下的一半和绿叶蔬菜一起放入搅拌机内搅拌
- 以先绿后粉的顺序将饮品倒入杯子

春日美肌思慕雪　P59

B

[材料]

草莓	5颗
脐橙	2个
苹果	1个
库拉索芦荟	5厘米
水芹	1/3袋
水	1杯

小窍门!

- 草莓可带蒂
- 脐橙剥皮去籽
- 用刀将库拉索芦荟的外皮除掉后使用

春日组合

S B

[材料]

草莓	5颗
丑橘	2个
红辣椒	1/2个
圣女果	10个
胡萝卜叶	1根的量
水	2杯

小窍门!

- 丑柑剥皮去籽
- 胡萝卜叶只使用其柔软的部分

甜瓜酷爽

R S

[材料]

甜瓜	1/2个
白葡萄柚	2 个
明日叶	1/4袋
水	1/2杯

小窍门!

- 用刀除去甜瓜的外皮，去籽
- 剥掉葡萄柚的外皮和薄皮，去籽
- 若明日叶的茎很硬，则应将茎去除

橙味番木瓜混合汁

B D

[材料]

番木瓜	1个
脐橙	2个
柠檬	1/2个
水芹	1/2袋
水	1杯

小窍门!

- 番木瓜去籽留皮
- 脐橙和柠檬剥皮去籽

Summer | 夏天喝的思慕雪

南国水果闪亮登场，热带思慕雪的季节到来了。夏季干渴的喉咙终于可以得到滋润。

夏日超级排毒思慕雪　Detox Smoothie

芒果蓝莓欢畅饮
Mango Blueberry DELIGHT

夏日　P63
超级排毒思慕雪

`D` `R`

[材料]

甜橙	2个
菠萝	1/4个
香蕉	1根
台湾黄麻	1/2袋
水	1杯

小窍门!

- 用刀除去甜瓜的外皮，去籽
- 菠萝用刀去蒂去皮，只使用果肉芯的部分
- 台湾黄麻的茎如果较硬，则应去除

混合饮品PINK&GREEN

`R`

[材料]

西柚	1个
香蕉	1根
桃	2个
绿叶蔬菜	1/2袋
青紫苏	1/2袋
水	2杯

小窍门!

- 葡萄柚剥掉外皮和薄皮，去籽
- 桃去核留皮

芒果蓝莓
欢畅饮　P64

`D`

[材料]

芒果	1个
蓝莓	200克
青柠	1/2个
羽衣甘蓝	1个
水	2杯

小窍门!

- 芒果去核剥皮
- 青柠剥皮去籽
  可根据个人喜好加入少量青柠皮
- 羽衣甘蓝去茎，只使用叶的部分

初夏水果园

`B` `E`

[材料]

油桃	3个
蓝莓	100克
香蕉	2根
嫩叶生菜	1/2袋
水	2杯

小窍门!

- 油桃去核留皮

辛辣泰国配方　Exotic Thai Blend

辛辣泰国配方　P66

S

[材料]

菠萝	1/4个
白葡萄柚	2个
青辣椒	1/6根
干椰仁	10克
香菜	1棵
水	1杯

小窍门!

- 菠萝用刀去蒂去皮，只使用果肉芯的部分
- 青辣椒辣味很浓，请注意不要放入太多
- 干椰仁用水泡发后使用
- 香菜去根

西瓜的奇迹惊喜!

R S

[材料]

水果	1/6个
番茄	2个
罗勒	1棵
水	无

小窍门!

- 西瓜可以带籽使用
- 西瓜和番茄都富含水分，因此可不必加水

番茄和葡萄柚的
绿色混合饮

R

[材料]

番茄	1个
白葡萄柚	2个
香蕉	1根
香芹	1/4袋
水	1杯

小窍门!

- 葡萄柚剥掉外皮和薄皮，去籽
- 香芹的粗茎太硬，不应放入饮品中

Summer
甜蜜思慕雪

D

[材料]

芒果	1个
香蕉	2根
柠檬	1/2个
空心菜	1/4袋
水	2杯

小窍门!

- 芒果和柠檬去皮去籽去核
- 如果空心菜的茎过硬，应去除使用

Autumn | 秋天喝的思慕雪

秋日果品丰富，是一个畅想自然恩泽的季节。
让我们用水分一百的思慕雪来重启疲惫的身体吧。

超级绿色茼蒿思慕雪
Super Green Smoothie

R D

[材料]

柑橘	4个
柿子	1个
酸橘	2个
茼蒿	1袋
水	2杯

小窍门!

- 柿子选用充分成熟的果实
  去蒂去种子，留皮
- 酸橘绞汁使用

秋日治愈思慕雪　P69

D R

[材料]

葡萄	1/2串
无花果	2个
梨	1个
柠檬	1/2个
芝麻菜	1/2袋
水	1杯

小窍门！

- 葡萄和梨可以带皮留籽使用
- 无花果留皮整个使用
- 柠檬剥皮去籽

果园组合

E D

[材料]

苹果	1个
柑橘	2个
葡萄柚	1个
香蕉	1根
小松菜	1/2袋
水	1杯

小窍门！

- 苹果去蒂，留籽带皮即可
- 葡萄柚剥掉外皮和薄皮，去籽

桃味组合
初学者思慕雪

B R

[材料]

梨	1个
桃	2个
李子	2个
柠檬	1/2个
芜菁叶	2棵
水	1杯

小窍门！

- 梨去蒂，留皮留籽
- 桃和李子去核留皮
- 柠檬剥皮去籽
- 芜菁叶去根

巨峰莫希托

R S

[材料]

巨峰葡萄	1串
梨	1个
芹菜	1棵
薄荷	1枝
水	1杯

小窍门！

- 巨峰葡萄留皮留籽即可
- 梨去蒂，留皮留籽即可
- 薄荷香气浓郁，注意不要放得过多

Winter | 冬天喝的思慕雪

带叶蔬菜终于在冬天迎来了属于它们的季节。我们要大量摄入甘甜浓郁的绿叶蔬菜，强身健体不畏严寒。

冬日暖体思慕雪　Cold Weather Smoothie

柚子冬日思慕雪　Winter Yuzu Smoothie

冬日暖体思慕雪

D

[材料]

苹果	1个
柑橘	3个
猕猴桃	1个
生姜	1片
乌塌菜	1/3袋
水	1杯

小窍门!

- 在寒冷的冬日推荐大家加入生姜
- 生姜不要去皮使用
- 猕猴桃要注意其坚硬部位！去除上下蒂，留皮使用即可

柚子冬日
思慕雪　P74

R

[材料]

梨	1个
苹果	1个
柚子	1/6个
绿叶蔬菜	1/2袋
水	2杯

小窍门!

- 梨去蒂，留皮留籽即可
- 柚子去籽，可将皮加入饮品中

苹果桂皮

E D

[材料]

苹果	1个
牛油果	1/6个
柠檬	1/2个
海枣	2颗
桂皮	少量
芹菜	1棵
水	2杯

小窍门!

- 柠檬剥皮去籽
- 海枣如果有核应取出

覆盆子之吻

B

[材料]

冷冻覆盆子	100克
洋梨	2个
柑橘	3个
菠菜	1/4袋
水	1杯

小窍门!

- 如果买不到覆盆子，可以用其他冷冻浆果代替
- 洋梨去蒂，留皮留籽即可

冬天一到，或许有时候大家会觉得绿色思慕雪有些难以下咽。在这里我给大家介绍几个小窍门，让大家在冬日里也能将绿色思慕雪继续下去。

1. 先将水果从冰箱里取出，让其恢复到常温

2. 不要将思慕雪放入冰箱里保存，请常温饮用

3. 减少热带水果的摄入

4. 减少加水量

5. 饮用时让思慕雪在口中加温，然后再慢慢咽下

6. 在思慕雪中加入一片生姜，饮用后身体热乎乎的

7. 加入柚子等冬天的专属味道，喝起来更容易下咽

8.

早上刚起床觉得思慕雪很难下咽时，不妨先喝一些自己喜欢的温热饮品，如白开水、绿茶、蜂蜜姜汤等，之后再饮用绿色思慕雪

9.

冬天说到底还是身体容易变冷，不要坐着一动不动，还是要进行适当的运动

10.

在浴缸里泡一个热乎乎的热水澡之后再饮用

从长远来看，持续饮用思慕雪可加快人体新陈代谢，很多人说饮用后在冬天身体也不易变冷了。多多倾听自己身体的声音，不要勉强地继续下去。

第 5 章

绿色蔬果汤

Green Soups

墨西哥 桑格利亚 Mexican Sangrita Smoothie

尝遍甜味思慕雪后，
希望大家对不甜的汤发起挑战！汤对于便餐来说最适合了。

泰式汤
Thai Soup

D

小窍门!

- 这是一道亚洲风味的绿色果蔬汤，对于喜欢香菜的人来说可是不可抗拒的美味
- 如果喜欢咸味汤，切记要放入柠檬调味

[材料]

黄瓜	1根
牛油果	1/6个
柠檬	1/2个
大蒜	1/4片
芹菜	1/2根
香菜	1/2株
水	1杯

墨西哥桑格利亚　P78

S

[材料]

葡萄柚	1个
番茄	1个
牛油果	1/6个
青豆芥末	少许
生菜	1棵
水	1杯

小窍门!

• 这个配方是从龙舌兰酒后饮料和桑格利亚中得到灵感
• 对于不能吃辣的人，可以用小茴香粉代替青豆芥末

意大利风味西班牙冷汤

R

[材料]

番茄	1个
红辣椒	1/2个
牛油果	1/6个
柠檬	1/4个
大蒜	1/4片
芹菜	1/2根
罗勒	5枚
水	1杯

小窍门!

• 注意大蒜不要过量
• 芹菜可以连叶带茎一起加入

中式绿绿色蔬菜汤

E

[材料]

黄瓜	1根
牛油果	1/6个
柠檬	1/4个
大蒜	1/4个
生姜	1片
香葱	2根
菠菜	1/4袋
水	1杯

小窍门!

• 可以根据自己的喜好加入五香粉和花椒粉

※　绿色蔬果汤菜单的量为500毫升。

日式海苔汤

B

[材料]

黄瓜	1根
红辣椒	1/2个
牛油果	1/6个
海苔	1/2枚
车前草	5枚
鸭儿芹	1/3袋
水	1杯

小窍门!

• 富含矿物质的海藻是海中的绿色植物
• 大家可以根据自己的喜好选择鲜海苔、红海苔或是干海苔

　　在绿色果蔬汤中加入的番茄、黄瓜、红辣椒等蔬菜在制作绿色思慕雪时被归类到了"不甜的水果"的范畴，当然甜味水果同样适用。使用不甜的水果可以制作西班牙冷汤（冷菜汤）这种菜肴类绿色思慕雪，保留口味一下扩张开来。

　　出于健康上的原因需要控制糖分时，饮用"不甜水果"和GI值（碳水化合物变成可消化糖分的速度表）低的水果制成的不甜的绿色思慕雪可以增加绿叶蔬菜的摄入量。

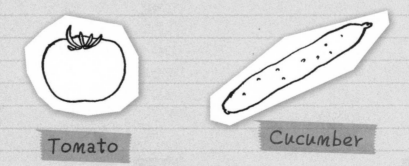

Tomato　　　　Cucumber

所谓不甜的水果

- 有种子、在分枝结果的蔬菜。
- 主要指的是夏季"悬挂类"蔬菜。
- 不含淀粉。

被归类为不甜水果的食材：
番茄、黄瓜、牛油果、红辣椒、甜椒、苦瓜等。

例外（以下食材虽不甜，但由于含有淀粉，所以不能在绿色思慕雪中使用）：
西葫芦、茄子、南瓜、豆类、玉米等。

Paprika

Goya

第 6 章

绿色蔬果布丁

Green Puddings

蓝莓布丁　Blueberry Bliss

布丁就是不加水的思慕雪。这种甜点一样的绿色蔬果布丁就是变漂亮的魔法甜品。

芒果热情天堂　Mango Passion Paradise

蓝莓布丁 P84

B D

[材料]

蓝莓	200克
蜜橘	2个
牛油果	1/6个
海枣	3粒
胡萝卜叶	1棵

小窍门！

- 蓝莓可以使用新鲜的也可以使用冷冻的
- 当希望甜度提升时可以便利地使用海枣

芒果
热情天堂 P86

B D

[材料]

芒果	1个
百香果	1个
香蕉	1根
薄荷	1枝
羽衣甘蓝	1颗

小窍门！

- 芒果将种子去除，剥皮使用
- 鸡蛋果从中切开两半，用勺将种子挖出
- 羽衣甘蓝要去掉茎的部分，只使用叶子

洋梨绿色布丁

R

[材料]

梨	2个
猕猴桃	1个
芝麻菜	1/4袋

小窍门！

- 猕猴桃去除上下蒂，带皮使用

椰仁草莓布丁

B

[材料]

草莓	1/2袋
香蕉	2根
干椰仁	10克
嫩叶生菜	1/4袋

小窍门！

- 草莓可以带蒂使用
- 干椰仁用水泡发使用

※ 绿色蔬果布丁配方的分量约为500毫升。

柿子布丁
Persimmon Pudding

E

[材料]

柿子	2个
香蕉	1根
柠檬	1/2个
茼蒿	1/4袋

小窍门!

- 内容丰富，奶油口感，喜欢甜食的也能充分得到满足
- 选用完全成熟的柿子去蒂去种子，带皮使用
- 柠檬剥皮去籽

浆果圣诞布丁
Very Berry Christmas

B

[材料]

混合浆果	200克
梨	1个
海枣	2颗
香草豆	1/2厘米
香菜	2根

小窍门!

- 没有华丽的外表，却特别适合假日的布丁
- 梨去蒂带皮带籽使用
- 香草豆可以带荚放入
- 芹菜的粗茎过硬不应加入

食物中所含的膳食纤维大体分为水溶性膳食纤维和不溶性膳食纤维两类。

水溶性纤维很容易在水中溶解，因为含有水分，所以会凝胶化。能将肠内的有毒物质吸收起来靠粪便排出体外，可以抑制餐后血糖急剧上升和胆固醇的吸收。

不溶性膳食纤维不能在水中溶解，它会像海绵一样将水分吸收，然后膨胀好几倍。可以刺激肠胃运动，能帮助食物残渣快速地通过粪便排出体外。绿叶蔬菜中含有的膳食纤维主要是不溶性的。一方面水果可以分为富含水溶性膳食纤维的和富含不溶性膳食纤维的。制作绿色思慕雪时，请大家充分理解两种膳食纤维性质上的区别，制作出更加美味的思慕雪。

如果使用富含水溶性膳食纤维的水果，就会制成奶油状不易分离的思慕雪。想要思慕雪变得容易分离，只要增加香蕉和梨的量就可以了。如果加入很多富含水溶性膳食纤维的水果，浓度很容易就会变浓，这时要注意多少加入一些水。

　　想要制作口感黏稠的美味布丁，水溶性纤维是不可或缺的。汤中如果加入富含水溶性纤维的水果油脂味道会过于厚重，这时可以加入牛油果。

　　另一方面，使用富含不溶性膳食纤维的水果制成的思慕雪很容易分离开来，这样的绿色思慕雪口感清新爽口。如果出现了分离现象，请大家用勺子搅拌好后再倒入容器里摇晃，就没有问题了。

富含水溶性 膳食纤维的水果		富含不溶性 膳食纤维的水果
香蕉	无花果	苹果
猕猴桃	甜瓜	柑橘类
梨	浆果类	菠萝
柿子	牛油果	黄金梨
桃	椰枣　等	西瓜　等

第 7 章

享受思慕雪带来的美好生活

Enjoying Life with Green Smoothies

绿色思慕雪的好处就是，任谁都能轻轻松松开始享受，只要在现今的生活中加上这个环节，就可以坐等好的变化了。不需要做任何勉强的忍耐，也不需要对食物有任何的禁制，完全不用改变自己的饮食生活。

　　所以无论是忙忙碌碌的人还是没有耐性的人都能很轻松地坚持下去。在这里，我们来给大家介绍一些使用绿色思慕雪来净化身体的方法，还有一些日常生活中采纳的具体例子。请大家自己来寻找适合自己生活方式的方法吧！

偶尔可以用绿色思慕雪来净化身体

在我们现在的饮食中，一天只要饮用一杯绿色思慕雪就能起到足够好的效果。但是除此之外，在一定期间里只饮用绿色思慕雪来进行身体的净化，可以让身体从消化活动中解脱出来，好好的休息，之后整装待发。绿色思慕雪绝食法跟不摄取一切固体物的水绝食法和果汁绝食法相比，相对更加安全，更不容易感到肚子饿，从而更容易接受一些。还有一个优势，就是在绝食期间，可以从绿色蔬菜和水果中获取满满的营养，这样当我们回归正常的饮食生活时，不会引起剧烈的反弹。由于思慕雪种含有适量的糖分和热量，所以有些人会认为体重没有如他们所期望地那样下降，可是很多人都会发现身体上的浮肿消失了，肚子周围、臀部和大腿都变得更加纤瘦，脸也瘦了下来。而且绿叶素具有惊人的治愈能力，所以就算一个人减重几十千克也不会出现皮肤松弛，能让肌肤弹性再生。

绝食排毒的区间可以从半天、三天到一周不等。大家一定要根据自身的身体状况量力而行，千万不要勉强行事。

喝绿色思慕雪
净化排毒时的重点

- 可能的话，最理想的选择是与自己平时的生活环境相异的场所。我比较推荐推荐远离都市的自然场所。
- 为了不用承受饥饿压力，请大家准备充足的绿色思慕雪。把那些甜味的点心从桌子上拿走，尽量放到手够不到的地方。
- 在开始净化排毒以前，我们要置办绿色思慕雪的材料，并要提前想好菜单，这些准备活动都充满了乐趣。
- 在此过程中应该掺杂着汤和布丁，变着花样就不会吃腻。
- 因为突然改变了饮食生活，所以有时会出现好转反应（参照P104）。当出现了好转反应时，请大家躺下身来睡个午觉，让身体得到充分休息。
- 在净化排毒期间，大家可以读读书、看看电影、写写日记，尽可能享受自己一个人的时光。
- 一定要密切关注自己的身体状况，小心行事。

※　有慢性病或长期服药的人，在事前应该向专家咨询。

在日常生活中饮用者的实例

实例1 ｜ 主人公职业为金融机关的事务员。喜欢料理和瑜伽，对健康的关注度极高。非常注意有规律的生活。

 6:30　起床。制作1升的绿色思慕雪和便当。
早餐只喝绿色思慕雪。
喝掉两杯，剩下的带到公司。

 8:30　到了公司后，准备公司内部会议资料。

 12:00　午饭。吃自己带来的沙拉便当午餐。

 15:00　在工作间隙，喝自己带来的绿色思慕雪
来代替零食来休息片刻。

 17:00　下班。

 17:30　去公司附近的瑜伽工作室。
做一些放松类的瑜伽。

 19:30　跟学生时代的朋友共进晚餐。吃了最近非常有名的美味蔬
菜餐，互相聊了聊彼此的近况，一直到一起吃了甜点。

 21:30　回家。一边读书一边悠闲地泡了一个小时的半身浴。

 23:00　就寝。

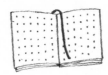

| 实例2 | 主人公在时尚杂志的编辑部工作。每天都要精力充沛地应对工作。跟丈夫两个人生活。常常外出就餐，几乎每天都喝酒。 |

🕗 **8:00** 起床后立即淋浴。

🕘 **9:00** 制作2升绿色思慕雪，
自己和丈夫各1升带到单位去。

🕙 **10:00** 上班。查看邮件，上午将带来的绿色思慕雪喝一半，
剩余的放入单位冰箱里保管。

🕚 **11:00** 外出办事。

🕝 **14:30** 迟来的午餐。跟摄影师一起吃意大利面，
之后到摄影棚摄影。

🕕 **18:00** 回到公司，处理公事。

🕘 **21:00** 晚饭前，喝一杯早上剩下的绿色思慕雪。

🕙 **22:00** 下班。跟同事一起去酒吧喝酒。
大家一起热火朝天地聊着工作的话题。

🕛 **24:00** 回家后，跟丈夫一起再喝一杯酒，
一起计划着休假时的旅行。

🕐 **25:00** 就寝。

实例3 | 主人公为外资体育用品生产厂家的市场部部长。从早到晚都在忙碌工作，是个工作狂。日间的压力都靠自己喜欢的运动来发泄。

🕐 **5:00** 起床。慢跑后淋浴。

🕐 **7:00** 上班。
浏览一遍当日新闻，
在办公室里喝咖啡吃面包作为早餐。

🕐 **9:00** 团队会议。

🕐 **12:00** 跟客户一起午餐会议。

🕐 **14:00** 出席新商品发布会。

🕐 **16:00** 回到办公室，处理事务。

🕐 **19:00** 到便利店买一个饭团，用以补充能量。

🕐 **21:00** 下班后，到健身房健身。

🕐 **22:30** 回家。制作500毫升绿色思慕雪，边喝边做企划书。

🕐 **24:00** 就寝。

实例4 | 主人公为两个孩子的母亲。在接送孩子去幼儿园和学习的间隙享受自己的时光。费尽心思考虑家人的健康，为大家制作精良的食物。

6:00　起床，制作早饭和绿色思慕雪。

7:00　丈夫和孩子起床。全家每人都喝一杯绿色思慕雪，之后吃米饭和味增汤作为早餐。

8:00　将孩子们送出家门，然后开始操持家事。

11:00　喝早上剩下的绿色思慕雪。

11:30　到美容院美容。

13:00　约朋友喝茶，点了蛋糕套餐。

15:00　到幼儿园接孩子。

18:00　与孩子们一起共进晚餐。

20:00　和孩子们一起洗澡。

21:00　孩子们就寝后，开始学习香薰师资格认证。

23:00　丈夫回家后，就寝。

当你喝着绿色思慕雪，开始感受到那么多令人欢心的变化时，可能不免会想要向家人和朋友传达。

无论是幼小的孩子还是年事已高的老人，全家都可以喝绿色思慕雪。

当第一次做给别人喝时，请大家先放入少量的没有腥味的绿叶蔬菜，制作出像果汁一样甘甜的思慕雪，这样比较适合刚开始加入这一行列的人。这其中可能有一些人特别不喜欢绿叶蔬菜，那么请大家开始的时候就加入几枚菜叶即可。最重要的是，要让对方认为绿色思慕雪是一种美味的饮品。

跟小孩子和其他不喜欢绿叶蔬菜的人一起喝绿色思慕雪时，首先可以把水果和少量没有腥味的绿叶蔬菜放进搅拌机制作思慕雪。制作完成后将部分思慕雪倒出，然后在剩下的思慕雪中追加足量的绿叶蔬菜。这样不费吹灰之力就能让全家共饮思慕雪了。

尽管如此，可能还是会有人觉得不想喝，或是拒绝喝。这种情况有可能是因为大家不喜欢被勉强。正因为是很重要的人希望自己喝下去，所以大家才会忍耐不喜欢的心情，一口气灌下去。当你喝着绿色思慕雪，一点一点变得漂亮又有活力时，身边的人就会自然而然地变得感兴趣起来！

Giving Tree

关于绿色思慕雪常见的一些问题

Q 一天应该喝多少量的绿色思慕雪比较好?

A 饮用的量因人而异,可能的话开始时尽量每天都喝1升以上,
这样效果比较明显。在持续饮用的过程中,也可以适当地减
量。因为吸收营养的效率提高了,即使只喝少量的绿色思慕雪
也能摄取到很多的营养元素。

Q 除了搅拌机以外还有什么可以使用的器材?

A 因为搅拌机的转数很高,一次能做出很多的量,所以最为
推荐。

Q 果汁和思慕雪有何不同?

A 制作果汁时会将纤维去除,思慕雪中含有膳食纤维。膳食纤维
中富含抗氧化物质,跟果汁相比,思慕雪更不易氧化。而且在
思慕雪中都是将材料整个放入,这样比较耐饥。可以用来代替
餐点。制作起来快速方便,事后收拾起来又轻松,这两点使每
日的持续成为可能。

Q 因为我是刚刚开始制作绿色思慕雪，所以觉得腥味太重无法下咽。做得好喝的诀窍是什么呢？

A 你可能是加入过多的绿叶蔬菜了。因为有人特别受不了绿叶青菜的腥味。所以在你习惯以前，可以一点点地增加蔬菜的量，这样就没有问题了。

Q 使用小白菜制成的思慕雪特别辣。这是为什么呢？

A 小白菜等油菜科的绿色蔬菜，在一定季节或条件下会变得带有辣味。在这种情况下，因为只有茎的部分含有辣味，请大家使用叶的部分。

Q 刚开始饮用思慕雪，却出现了便秘的状况。这是怎么回事呢？

A 由于大家一直食用加热后的加工食物，所以肠的肌肉退化，人们习惯了将食物挤压出来这种排便方式。因为绿色思慕雪中90%是水分，想要排便则必须要有正常的肠蠕动。只要坚持饮用绿色思慕雪，肠就能恢复本来的机能。

Q 好转反应都有哪些?

A 有时会出现头痛、腹痛、恶心、嗜睡、倦怠、腹泻、便秘、皮肤粗糙等症状,但这都是暂时的。当出现如上好转反应时,请大家放松下来休息,不要勉强自己。只要持续饮用,一般情况下症状都会得到改善。如果症状长时间持续,请大家去医院就医。

Q 婴儿也可以饮用吗?

A 产后6个月以上的婴儿便可以饮用绿色思慕雪了。绿色思慕雪对消化很有帮助,正好适合作为断乳食物。不过一定要当心食物过敏情况,请大家边观察情况边一点点增加摄入的量和水果蔬菜的种类。

Q 持续多久才能出现效果呢?
应该以什么样的频率饮用呢?
还有,可以有一段时间停止饮用吗?

A 有人一开始饮用绿色思慕雪就感觉到了效果,可是也有人一开始什么效果都感觉不到。这里存在着体质、身体状况、感知力、饮用量、饮用频率等个人差异。可以的话,希望大家每天都能持续饮用。有人暂时远离绿色思慕雪之后,身体会变得非常渴望,于是也就自然而然地再度开始饮用了。

Q　绿色思慕雪会不会跟自身的体质不和呢？

A　任何食物可能都会出现与各种不同身体状况和体质不和的现
象。所以就算绿色思慕雪对消化非常温和，也可能会有人无论
如何都无法适应。
患慢性病的人，肠胃都很敏感，所以过多的纤维会造成消化的
负担。在这种情况下，建议大家开始时先将思慕雪过滤一遍，
去除纤维再饮用。
还有对于一些食物过敏的人，一定要注意使用的材料。
如果感到不安，建议大家向值得信赖的专家咨询。
人和人的体质各不相同，而且人的身体无时无刻不在变化。所
以不要囫囵吞枣，要用心倾听自己身体发出的讯号。

Q　如果每天喝不下1升也能有效果吗？

A　虽说每天1升的量比较容易出现效果，不过也要根据个人的年
龄、身体状况、平时的饮食等改变饮用的量。没必要勉强自
己。有很多人只是饮用很少的量，但是坚持以往也都得到了很
好的效果。

Q　一喝绿色思慕雪就觉得肚子很饿，为什么呢？

A　开始喝绿色思慕雪的那一段时间，就算喝掉大量的绿色思慕雪也总是一副肚子空空的状态，会非常地渴望甜食和垃圾食品。这是因为消化活动此时非常活跃，跟以往完全不同的饮食正要创造一个身体的平衡状态。
　　这是非常自然的情况，所以无需担心。当胃酸分泌正常、身体机能趋于平衡之后，大部分的人都会渐渐恢复正常。

Q　听说在饮用绿色思慕雪前后40分钟之内最好不要吃任何东西，那么连咖啡和茶都不可以喝吗？

A　由于咖啡和茶中含有咖啡因，所以基本上不要跟绿色思慕雪一起饮用，建议大家应间隔一段时间。对于那些习惯早上喝杯咖啡的人也不需要勉强戒掉，只要持续饮用绿色思慕雪，咖啡因的摄取量便会不断减少。跟水和白开水一起饮用没有任何问题。

Q　买不到真正的有机无农药蔬菜。

A　买到真正的有机蔬菜从现实角度出发是非常困难的，也很难持
　　久。大家只要尽力就好，同时要善于利用一些有机农场提供的
　　宅配蔬菜。

作者后记

我们与绿色思慕雪以及其创造者维多利亚·波坦库的邂逅其实是一场必然。同时我们又担当起了一个重任，就是将她热心的研究成果、她最关心的孩子——绿色思慕雪传播开来。我最高兴就是能见到那些过去我传达过这个思想的人们能生机勃勃，熠熠生辉。

绿色思慕雪其实是一个契机，让你开始关注自己身体中存在的各种各样的东西。刚开始时，我们只是单纯地享受着身体上带来的变化。但是与此同时，我们的思想和精神上起了更大的变化。每天不再得过且过，开始用心倾听季节的转变和自己身体中发出的信号。甚至于，当你回过神时，发现自己已经自然地踏上了一直梦寐以求却因为缺乏自信而踌躇不前的道路上，轻松又愉快。

一点一点地喝着思慕雪，感受着自己越来越多的精神上的变化。我们又能像小时候那样大声欢笑，不由自主地踏出家门，感觉心里怦怦直跳。

饮用绿色思慕雪是与大地和地球紧密相连。在森林中尽情地深呼吸，畅饮新鲜的泉水，在炎炎夏日飞身跃入瀑布潭水中，眺望雨后的彩虹。

也许正和这些体验相同。

希望拥有这本书的朋友们，每个人都能体验和享受到与自己独有的绿色思慕雪的邂逅，让自己熠熠生辉。

带着爱与绿色

仲里园子　山口蝶子

图书在版编目（CIP）数据

绿色思慕雪，不一样的果蔬汁 /（日）仲里园子，
（日）山口蝶子著；黄晶晶译. -- 北京：中国农业出版
社，2015.5
ISBN 978-7-109-20339-6

Ⅰ.①绿… Ⅱ.①仲… ②山… ③黄… Ⅲ.①果汁饮
料 - 制作②蔬菜 - 饮料 - 制作 Ⅳ.①TS275.5

中国版本图书馆CIP数据核字(2015)第067663号

感谢原书中照片（由松园多门、森健太郎拍摄）、插图（由花岛ゆき提供）及设计人员
（作原文子）。

中国农业出版社出版
（北京市朝阳区农展馆北路2号）
（邮政编码100125）
责任编辑 吴丽婷 程燕

北京中科印刷有限公司印刷 新华书店北京发行所发行
2015年7月第1版 2015年7月北京第1次印刷

开本： 710mm×1000mm 1/16 **印张：** 7
字数： 150千字
定价： 28.00元
（凡本版图书出现印刷、装订错误，请向出版社发行部调换）